BEI GRIN MACHT SICH IHR WISSEN BEZAHLT

- Wir veröffentlichen Ihre Hausarbeit,
  Bachelor- und Masterarbeit

- Ihr eigenes eBook und Buch -
  weltweit in allen wichtigen Shops

- Verdienen Sie an jedem Verkauf

Jetzt bei www.GRIN.com hochladen und kostenlos publizieren

Bibliografische Information der Deutschen Nationalbibliothek:

Die Deutsche Bibliothek verzeichnet diese Publikation in der Deutschen National-
bibliografie; detaillierte bibliografische Daten sind im Internet über http://dnb.d-
nb.de/ abrufbar.

Impressum:

Copyright © 2007 GRIN Verlag, Open Publishing GmbH
Druck und Bindung: Books on Demand GmbH, Norderstedt Germany
ISBN: 9783640494514

Christian Fischer

Bilbao und San Sebastian

GRIN Verlag

Universität Augsburg
Fakultät für Angewandte Informatik
Lehrstuhl für Physische Geographie

Bilbao und San Sebastián

Vorbereitungsseminar: Exkursion Nordspanien
Sommersemester 2007
Leitung: K.-F. Wetzel/ A. Friedmann

Christian Fischer
Diplom Geographie
8. Semester

Abgabe: Juli 2007

Gliederung:

1. Einleitung

In dieser Arbeit sollen hauptsächlich die Geschichte und die Sehenswürdigkeiten der Städte Bilbao und Donostia-San Sebastián beleuchtet werden. Es wird versucht, die wichtigsten Entwicklungsstadien, Daten und Bauwerke der Städte zu erfassen und zu erläutern.

2. Bilbao

In der Gegend um Bilbao herrscht ein maritimes Klima mit gemäßigten Temperaturen das ganze Jahr über. Der größte Teil des Regens fällt im Frühjahr und im Herbst. Die Durchschnittstemperaturen im Sommer betragen ca. 20 °C und im Winter ca. 8 °C. (SPAIN.INFO, BILBAO)
Bilbao ist die Hauptstadt der Provinz Biskaya. Sie ist die größte Stadt des Baskenlandes und gilt als Zugpferd der sozialen und wirtschaftlichen Entwicklung im Baskenland. Im

Großraum Bilbao konzentriert sich mit rund einer Million Einwohnern fast die Hälfte der Gesamtbevölkerung des Baskenlandes. Der Kernbereich von Bilbao umfasst rund 370.000 Einwohner.
Der Name Bilbao stammt vermutlich von *Bi ablo*, was in baskischer Sprache so viel heißt wie „zwei Seiten" und sich auf die Lage der Stadt an beiden Ufern des Flusses Nervíon bezieht. (GURPEGUI S.52ff, SPAIN.INFO)

2.1.   Geschichte

Pío Baroja beschreibt Bilbao als „ein Dorf, das immer dichter und interessanter wird". Die Wurzeln von Bilbao reichen bis in die Römerzeit zurück. Damals war Bilbao eine römische Fischersiedlung, welche sich bis zum Mittelalter in eine Siedlung von Eisenschmieden, Seeleuten und Bauern wandelte, bis der Herr von Biskaya, Don Diego López de Haro, im Jahr 1300 das Stadtrecht gewährte. Obwohl die Landwirtschaft mit der Zeit verschwand, haben bestimmte Elemente aus der damalige Zeit, wie zum Beispiel das Eisen und das Meer, die Stadtgeschichte von Bilbao bis heute geprägt. Bereits in der Römerzeit wurde das Eisen der nahen Bergwerke geschätzt und ausgebeutet. Auf diese Weise wurde bereits ein Vorläufer der Eisenhüttenindustrie in das Gebiet gebracht, welche die industrielle Revolution eingeleitet hat. (GURPEGUI S.52ff, SPAIN.INFO)

Da die Ria del Nervíon bis Bilbao gut schiffbar ist, ist es nicht verwunderlich, dass im Hafen von Bilbao, welcher besser geschützt lag als jene an der Küste, ein Großteil der Waren Kastiliens zur Ausfuhr nach Europa verladen wurden. Im Jahr 1511 wurde von der Königin Johanna die Schaffung eines Handelskonsulates gewährt, wodurch zunächst Handelsbeziehungen mit Brügge und Nantes geschaffen wurden, welche sich im Laufe der Zeit bis nach England und Amerika ausgedehnt haben. Durch den Import von Kohle aus England und Export von Stahl nach England wurden die Handelsbeziehungen in der Mitte des 19. Jahrhunderts intensiviert. Im Vergleich mit dem französisch beeinflussten Donostia-San Sebastián galt Bilbao schon immer als vom britischen Stil beeinflusste Stadt. (GURPEGUI S.52ff)

Bereits Mitte des 19. Jahrhunderts wurde mit dem Bau von ersten Hochöfen begonnen, jedoch setzte die industrielle Entwicklung Bilbaos erst nach der letzten Belagerung im Karlistenkrieg im Jahre 1874 richtig ein. In dieser Zeit vereinigten sich die Gemeindebezirke Abando und Begoña, was sich in einer Erweiterung des Stadtkerns bemerkbar machte. Außerdem wurden bedeutende Gebäude wie das Theater Arriaga oder die Börse erstellt. Durch den Triumph des Bürgertums, welcher sich in der Gründung von Eisenhütten, Schiffsbauunternehmen, Banken und Handelsunternehmen bemerkbar machte, fand hauptsächlich am linken Ufer der Ria eine sozioökonomische Entwicklung statt, welche heute noch anhand der vielen Prunkbauten an der Vía Grande zu erahnen ist. Diese Zeit bildete den Grundstock der dominanten Bedeutung Bilbaos für die baskische Wirtschaft. (GURPEGUI S.52ff)

Obwohl sich der industrielle Niedergang auch in Bilbao bemerkbar gemacht hat und Bilbao für Jahrzehnte als hässliche, graue, schmutzige Industriestadt galt, versuchte Bilbao seine Aktivitäten zu diversifizieren. Bilbao gelang es durch viele Modernisierungsmaßnahmen, dieses Image abzuschaffen. Zu nennen wären zum Beispiel das Guggenheimmuseum und die U-Bahn, sowie viele weitere Bauten von weltberühmten Architekten. (GURPEGUI S.52ff)

Die U-Bahn Bilbaos wurde nach einer mehrjährigen Planungs- und Bauphase im Jahre 1995 eröffnet. Das Netz ist im Moment knapp 38 Kilometer lang und umfasst 36 Stationen. Bis 2011 soll das Netz auf 45 Kilometer erweitert werden. (METROBILBAO)

Bereits im Jahre 1876 wurde in Bilbao die erste Straßenbahnlinie eröffnet. Aufgrund der straßenbahnfeindlichen Politik der spanischen Regierung wurde der Betrieb jedoch 1964 wieder eingestellt. Erst im Jahre 2002 wurde die knapp 4,5 Kilometer lange, neue Straßenbahnstrecke als Ergänzung zur U-Bahn-Linie eröffnet, welche seit dem über das Stadtzentrum zwei U-Bahn-Stationen sowie drei Bahnhöfe mit dem Guggenheim Museum verbindet. (EUSKOTREN)

2.2. Sehenswürdigkeiten

Die 700-jährige Geschichte Bilbaos spiegelt sich in den Bauwerken und Konstruktionen der Stadt wider. Bilbao lässt sich im Wesentlichen in drei große Bereiche mit Sehenswürdigkeiten aus unterschiedlichen Epochen einteilen:

- den alten Stadtkern, welcher als Referenz für die Rekonstruktion der Stadtgeschichte seit ihren Anfängen gilt,

- den Stadtteil Ensanche mit Umgebung, mit eindrucksvollen Gebäuden, welche von den besten lokalen Architekten einer jeden Epoche entworfen wurden,
- und das moderne Bilbao, welches sich immer noch in einer andauernden Konstruktionsphase befindet.

2.2.1. Der alte Stadtkern

Der alte Stadtkern, welcher nach der großen Überschwemmung im Jahre 1983 zum größten Teil renoviert werden musste, liegt im nordwestlichen Teil der Stadt am rechten Ufer der Ria del Nervíon und bietet zahlreiche Attraktivitäten.

El Arenal war der frühere Stadtstrand von Bilbao und reichte bis zum heutigen Standort des Archäologischen Museums. Von *El Arenal* aus, das 1972 unter Denkmalschutz gestellt wurde, kann man den alten Stadtkern aus Richtung Westen erkunden. Er wird durch die Straße Calle del Arenal, dem Flussufer und durch die Gebäude des Arriaga-Theaters und der Kirche San Nicolás begrenzt. Der ursprüngliche Kern der Stadt ist seit dem 15. Jahrhundert, wo die ersten Erweiterungen der Stadt vorgenommen wurden, einer der bevorzugten Orte zur Austragung festlicher und politischer Veranstaltungen. Außerdem werden hier die Stände der Buchmesse aufgestellt, es findet ein Blumenmarkt statt und Sonntags spielt die städtische Musikkapelle. (SPAIN.INFO, GURPEGUI S.52ff)

www.spain.info

An der Stelle einer früheren Kapelle wurde im 18. Jahrhundert von Ignacio de Ibero y Erkizia die Kirche des *San Nicolás* de Bari erbaut, welche heute als eine der schönsten Barockbauten von Biskaya gilt. Die Doppeltürme weisen Stilelemente des Platereskenstils auf. Im achteckigen Innenraum können Holzschnitzarbeiten von Juan Pascal de Mena bewundert werden. (SPAIN.INFO)

Die *Basilika Begoña* wurde im 16. Jahrhundert nach einem Entwurf von Sancho Martinez de Arego ebanfalls an der Stelle einer früheren Kapelle errichtet. Mitten in der Altstadt kann man einen Aufzug nehmen, mit dem man direkt zur Basilika kommt. Die Basilika besitzt drei offene Schiffe ohne Querhaus, welche mit Kreuzrippengewölben aus dem 17. Jahrhundert abgeschlossen sind. Der Triumphbogen des Hauptportals ist im manerischen Stil gestaltet. (SPAIN.INFO)

www.spain.info

www.spain.info

Der *Plaza Nueva* ist ein weitläufiger Platz mit Bogenreihen, welcher Mitte des 19. Jahrhunderts erbaut wurde. Über den von 64 dorischen Säulen gestützen Bögen befinden sich drei Etagen mit Wohnungen. Im Hauptgebäude, in dem früher die Regionalregierung untergebracht war, befindet sich heute die Akademie der Baskischen Sprache. Auf dem Plaza Nueva selbst findet jeden Sonntag ein Markt statt, auf dem Blumen, Haustiere, Münzen und andere Sammelgegenstände angeboten werden. (SPAIN.INFO, GURPEGUI S.52ff)

Das *Archäologische, Völkerkundliche und Historische Baskische Museum* bietet die Möglichkeit, die gesamte Geschichte des baskischen Volkes zu erleben. Seit 1920 ist es im ehemaligen Jesuitenkolleg San Andrés untergebracht und befindet sich direkt neben der Kirche Santos Juanes aus dem 17. Jahrhundert. Hier finden sich zahlreiche archäologische Funde aus Biskaya und machen so die Volksgeschichte nachvollziehbar. In den verschiedenen Abteilungen wird die Vorgeschichte Biskayas seit der Jungsteinzeit dokumentiert. Im Kreuzgang mit Rundbögen ist das Idol Mikeldi zu sehen - eine vorchristliche Stiergestalt, die von den Basken angebetet wurde. (SPAIN.INFO, GURPEGUI S.52ff)

Die Kirche *San Antón*, welche auf dem Gelände des früheren Alcazar (befestigtes Schloss) der Herren von Biskaya steht, ist ebenso wie die gleichnamige Brücke südlich der Kirche, Bestandteil des Stadtwappens und Wahrzeichen der Stadt. Sie befindet sich am Ende der alten Stadtmauer, welche die Stadt bis zum Ende des 14. Jahrhunderts umgab. Die Kirche San Antón ist auf felsigem Gelände erbaut und besitzt einen annähern quadratischen Grundriss. Das eindrucksvolle Gebäude weist einen einheitlichen gotischen Stil auf, da es ohne Unterbrechung erbaut wurde. (SPAIN.INFO)

Das ehemalige, aus dem 16. Jahrhundert stammende *Dominikanerinnenkloster* am östlichen Rand des alten Stadtkerns ist heute als einziges von den damals zahlreichen Klöstern dieser Art noch erhalten. Heute beherbergt es die Gemeinde La Encarnación und das Diözesanmuseum für Sakralkunst Eleiz Museoa. Im Museum für Sakralkunst werden Kunstwerke, Goldschmiedearbeiten und Priestergewänder der vergangenen 8 Jahrhunderte ausgestellt. Die Klosterkirche ist im Renaissancestil erbaut und im Innenhof des Klosters lassen sich zahlreiche Grabnischen mit Familienwappen erkennen. (SPAIN.INFO, GURPEGUI S.52ff)

Die *Markthalle am Ribera Markt* ist einer der wichtigsten Anziehungspunkte des kulturellen Lebens der Stadt und damit mehr als nur eine Handelsstätte. Das Innere des Bauwerks ähnelt einer Fabrik und ist zur besseren Belüftung völlig offen und weiträumig entworfen. Etwa ein Viertel der 11.552 m² Innenfläche ist dem Handel vorbehalten. Auf der zweiten Etage finden unter einer großen Kuppel zahlreiche kulturelle und gesellschaftliche Veranstaltungen statt. (SPAIN.INFO)

Das älteste erhaltene Gebäude des historischen Stadtkerns ist die *Santiago-Kathedrale*, auch Jakobus-Kirche genannt. Der Grundriss entspricht einem griechischen Kreuz. Die Kirche wurde Ende des 14. Jahrhunderts an der Stelle einer Kapelle aus dem 11. Jahrhundert errichtet. Der Bau der Kathedrale erstreckte sich über mehrere Jahrhunderte, bis die Bauarbeiten 1887 mit der heutigen Fassade beendet wurden. (SPAIN.INFO, GURPEGUI S.52ff)

Eine der elegantesten Bauten der Altstadt ist das Gebäude der *Archiv- und Gemeindebibliothek*, welches zwischen 1888 und 1890 dem französischen Trend folgend erbaut wurde. 1956 wurden die Räumlichkeiten von der Stadtverwaltung für kulturelle zwecke zur Verfügung gestellt. Seit dem ist die Bibliothek ein kultureller Mittelpunkt Bilbaos. (SPAIN.INFO)

Das *Arriaga Theater* wurde von den Architekten Joachín de Rucoba und Octavio de Toledo erbaut, welche sich Anregungen beim Opernhaus von Paris holten. Das

Theater wurde 1890 eröffnet und erhielt den Namen des gefeierten Komponisten aus Bilbao, Crisóstomo de Arriaga, welcher auch auf Grund seines frühen Genies und Todes mit nur 20 Jahren als der spanische Mozart bezeichnet wird. Der Innenraum ist prunkvoll ausgestattet. Nach einem schweren Brand im Jahre 1914 musste das Gebäude komplett wieder aufgebaut und nach einer schweren Überflutung im Jahre 1983 erneut renoviert werden. (SPAIN.INFO)

2.2.2. Der Stadtteil Ensanche und Umgebung

Der 1893 nach englischem Vorbild gegründete, exklusive Privatclub *Sociedad Bilbaína* ist Unternehmern, Bankleuten und Intellektuellen vorbehalten. Das Innere des Gebäudes ist im englischen Stil gehalten und spiegelt die weltoffene Geisteshaltung der Stadt zu Beginn des 20. Jahrhunderts und die damals beliebte englische Lebensart wider. Frauen war lange Zeit eine Mitgliedschaft verwährt. Im selben Gebäude befindet sich auch das Casino. (SPAIN.INFO)

Der *Bahnhof von Abando* befindet sich seit Mitte des 19. Jahrhunderts an der Stelle des ehemaligen Hauptbahnhofes von Bilbao. Nachdem der Abando Bahnhof kurz nach seiner Einweihung abbrannte, wurde das Ersatzgebäude erst 1948 durch das heutige Gebäude ersetzt. Besonders eindrucksvoll erscheint ein riesiges Glasfenster. (SPAIN.INFO)

Gegenüber des Abando Bahnhofes befindet sich das Gebäude der *Börse von Bilbao*, welches 1907 errichtet wurde. Der Handel mit Wertpapieren hat jedoch schon früher in den Bars und Cafes der Gegend begonnen. Heute ist die Börse von Bilbao – gemessen am Umsatz - die zweitgrößte Börse ganz Spaniens. Die Fassade ist Werk des aus Bilbao stammenden Architekten Enrique de Epalza. (SPAIN.INFO)

Die *Gran Vía*, welche die Stadt von einem zum anderen Ende durchquert, ist die eigentliche Hauptverkehrsader der Stadt. Im Zentrum der Straße befindet sich der Plaza Moyúa, welcher als natürlicher Mittelpunkt der Stadt gilt. An der etwa vier Kilometer langen Strecke befinden sich die wichtigsten Banken, Geschäfte und die repräsentativsten Bürgerhäuser. Vor allem in der zweiten Hälfte des 19. Jahrhunderts weitete sich die Stadt weit aus und es entstanden viele prunkvolle Wohnhäuser an der Gran Vía. Am *Plaza Moyúa* befindet sich ein großer Brunnen samt Grünanlagen. Die U-Bahnzugänge, welche über gesamt Bilbao verteilt sind und am Plaza Moyúa durch ihr modernes Design besonders herausstechen, sind vom britischen Architekten Norman Foster entworfen worden und heißen deshalb im Volksmund auch „Fosteritos". (SPAIN.INFO, GURPEGUI S.52ff)

Die *Albia Gärten* zeichnen sich als ruhiger, mit Bäumen bepflanzter Platz aus, in dessen Mitte eine Bronzestatue des Schriftstellers Antonio de Trueba steht, welcher aus der Region stammt. Die prächtigen Gebäude um den Platz herum stammen aus dem 19. Jahrhundert. Hier befindet sich der Sitz der baskischen Nationalpartei Sabin Etxea. Rund um das Viertel finden sich zahlreiche Bars und Restaurants. (SPAIN.INFO)

Die Kirche *San Vincente* wurde im 16. Jahrhundert an der Stelle einer früheren Kapelle errichtet und befindet sich nördlich der Albia Gärten. Sie wurde hauptsächlich im gotischen Stil erbaut und besitzt ein Renaissancetor. (SPAIN.INFO)

Der Palast der Regionalregierung wurde 1900 eingeweiht und von Luis Aldarén entworfen. Er ist Sitz der wichtigsten politischen Institution der Regierung von Biskaya. (SPAIN.INFO)

Das *Messezentrum* von Bilbao wurde 1932 erbaut und liegt im westlichen Teil der Stadt. Auf einer Gesamtfläche von 130.000 m² werden Messen und Ausstellungen von teilweise europaweitem Rang abgehalten. Hier werden die neuesten Errungenschaften der Industrie und des Handels der Region Biskaya bekannt gemacht. (SPAIN.INFO)

Im *Museum der schönen Künste Bilbao* ist das Ergebnis des Zusammenschlusses des 1908 gegründeten Museums der schönen Künste und des 1924 eröffneten Museums für moderne Kunst. Der künstlerische Fundus wird auf drei Etagen dargestellt und umspannt die Zeit vom 12. Jahrhundert bis heute. Im Mittelpunkt des Museumsteichs ist ein Denkmal für Arriaga zu finden, welches Euterpe, die Muse der Musik darstellt. (SPAIN.INFO)

2.2.3. Das moderne Bilbao

Das wohl modernste Wahrzeichen der Stadt ist seit 1997 das *Guggenheim Museum Bilbao*. Es wurde vom amerikanischen Architekten Frank O. Gehry entworfen und erhebt sich am Ufer der Flussmündung des Nervión. Auf einer Gesamtfläche von 32.500 m² (davon 11.000 m² Ausstellungsfläche) werden auf drei Ebenen Werke der modernen und zeitgenössischen Kunst ausgestellt. Die riesige Struktur aus Kalkstein, Glas und Titan ist durch Stege, Glasaufzüge und Treppentürme miteinander verbunden. Titan hat den Vorteil, dass es keiner Korrosion unterliegt. Das Museum ist eines der wichtigsten Elemente der städtebaulichen Umgestaltung der Stadt Bilbao, die jährlich etwa 1 Mio. Kunst- und Architekturliebhaber aus aller Welt anzieht. Im Eingangsbereich des Museums schmückt Puppy, eine große Skulptur von Jeff Koons, die permanent mit frischen Blumen bepflanzt wird. Puppy ist zu einer Art Maskottchen der Bürger von Bilbao geworden. (SPAIN.INFO)

www.bilbaophotos.com

Die Promenade Paeso de la Ribera (auch *Avenida Abandoibarra* genannt) führt durch den neuen Mittelpunkt Bilbaos. Hier handelt es sich um einen Freizeitbereich, der zur Wiederbelebung der alten Industrie- und Hafengegend geschaffen wurde. Es finden sich zahlreiche Skulpturen, die unter freiem Himmel dargeboten werden. (SPAIN.INFO, GURPEGUI S.52ff)

1999 wurde der von den Architekten Federico Soriano und Dolores Palacio entworfene *Kongress- und Musikpalast Euskalduna* eröffnet. Er

wird für Veranstaltungen, Kongresse und kulturelle Events genutzt. Das Design verbindet Vergangenheit und Gegenwart des Standortes. Das Innere und Äußere des Gebäudes ist als Hommage an die Werft von Bilbao einem Schiff nachempfunden. Das 50.000m² große Gebäude bietet Platz für 2200 Zuschauer. (SPAIN.INFO)

Das *Schifffahrtsmuseum „Ría de Bilbao"* wurde im Jahr 2003 eingeweiht und befindet sich auf dem Gelände der Trockendocks der ehemaligen Euskalduna-Werft. Hier sollen auf 27.000 m² Fläche (incl. Außenbereich) die Aspekte der seefahrerischen Vergangenheit Bilbaos bekannt gemacht werden. (SPAIN.INFO)

Das *Rathaus von Bilbao* im nördlichen Teil der Stadt wurde 1892 auf den Resten des ehemaligen Klosters San Augustín. Hinter den drei Hufeisenbögen des zentralen Vorbaus liegt der prunkvolle Empfangssaal, in dem auch Hochzeiten gefeiert werden. (SPAIN.INFO)

Seit 1915 gleitet von der Calle Esperanza am Hang des *Monte Artxandra* eine Standseilbahn entlang, deren Gondeln allerdings in den vergangenen Jahren durch moderne Gondeln ersetzt wurden. Die Strecke der Zahnradbahn ist knapp 800 Meter lang und führt auf eine Höhe von 213 Meter. Der Hang des Monte Artxandra gilt als eine wichtige Grün- und Freizeitzone für Bilbao. (SPAIN.INFO)

Die *Universität Deusto* wurde 1886 von der Gesellschaft Jesu als Privatuniversität gegründet und gilt als Universität von internationalem Rang. Ihren Ruf verdankt sie vor allem der juristischen und betriebswirtschaftlichen Fakultät. In ihrer Entstehungzeit galt die Universität als das größte Gebäude in der Region Biskaya. Heute sind etwa 16.000 Studenten immatrikuliert. (SPAIN.INFO)

In Bilbao gibt es mehrere moderne Brücken. Unter anderem wären dies:
- Die *Euskalduna-Brücke* im westlichen Teil der Stadt wurde 1997 eröffnet und nimmt seit dem einen Großteil des Verkehrs der Deusto-Brücke auf.
- Die *Deusto-Brücke* ging 1936 in Betrieb und war bis im Jahre 1996 der Flussverkehr abgeschafft wurde eine Hubbrücke. Von hier aus hat man einen guten Blick auf die ehemaligen Hafenkais von Bilbao, die im Rahmen des Abandoibarra-Projektes durch Grünanlagen und eine Uferpromenade umgestaltet wurden.
- Über die Fußgängerbrücke *Pedro Arrupe* gelangt man vom Guggenheim Museum zur Universität von Bilbao. Es handelt sich um eine futuristisch anmutende Konstruktion aus Duplexstahl mit einer Innenverkleidung aus Lapacho-Holz. Hier ergibt sich ein visueller und ästhetischer Kontrast zwischen dem warmen Holz und dem kalten Stahl.
- 1997 wurde eine weitere Fußgängerbrücke *Zubizuri* über den Nervión eröffnet. Bei der Konstruktion fand hauptsächlich Glas und weiß lackierter Stahl

Verwendung. Die „weiße Brücke" zeichnet sich durch einen parabelförmigen
Bogen und Zugangsrampen aus. (SPAIN.INFO)

3.   San Sebastián

Topographisch liegt die Hauptstadt Gipuzkoas etwa 20 Kilometer westlich von der französischen Grenze entfernt, im Bogen des Golfs von Biskaya. Genauer gesagt an der Bucht La Goncha (deutsch: „die Muschel"), deren Name von der Form der Bucht her rührt. Der Monte Igeldo (im Westen) und der Monte Urgull (im Osten) begrenzen den Standabschnitt der Bucht. In der Ausfahrt der Bucht befindet sich

die Felseninsel Santa Clara, zu der man mit einer Bootsverbindung gelangen kann. San Sebastián (baskisch: Donostia) ist die Hauptstadt der baskischen Provinz Gipuzkoa. San Sebastián zählt rund 180.000 Einwohner. Verglichen mit Bilbao, das ein größeres wirtschaftliches Gewicht besitzt und Vitoria-Gasteiz, der Hauptstadt des Baskenlandes ist San Sebastián die Stadt mit dem größten Gewicht in den Bereichen Tourismus, Kultur und Kongresse. (SPANIENINFOS, LA-CONCHA, GURPEGUI S.64ff)

Dominierender Baustil der Gebäude ist hauptsächlich der spanische Kolonialstil und Häuser aus der Gründerzeit. In San Sebastián unterhalten etliche spanische und ausländische Banken und Konzerne ihre Niederlassungen, wobei durch strenge Bauvorschriften versucht werden soll, den architektonischen Charakter der Stadt zu bewahren, was zumindest in der Innenstadt sehr gut gelungen ist. Neubauten mussten seit je her an die Größe und Fassadengestaltung bestehender Gebäude angepasst werden, wodurch sich heute ein relativ einheitliches Stadtbild ergibt. Bei Restaurationsarbeiten ist es oft sogar schwierig Zwischenwände zu verändern. (LA-CONCHA)

Der baskische Stadtname Donostia ist eine Art „Kränkung" des spanischen Namens des heiligen San Sebastián. Dieser hat sich über Done Sebastian und Donebastia zu Donostia entwickelt. (SPANIENINFOS)

Die Schutzpatrone der Stadt sind die Jungfrau Maria del Coro und der Heilige Sebastian, deren Skulpturen und Bilder an vielen Stellen der Stadt auftauchen. (DONOSTIA, SPANIENINFOS)

3.1.   Geschichte

Die erste Erwähnung des Namen San Sebastián findet sich in einer Urkunde aus dem frühen 11. Jahrhundert im Zusammenhang mit dem ortsansässigen Kloster. San Sebastián bestand ursprünglich aus zwei Ortskernen. Auf dem Gelände der heutigen Altstadt befand sich ein Fischerhafen mit einer ummauerten Siedlung, welcher ab dem Ende des 12. Jahrhunderts auf Betreiben der Könige von Navarra zum zentralen Hafen dieser Provinz ausgebaut wurde. Sicherlich spielte hier auch die gute Verteidigungsmöglichkeit in der Bucht la Goncha eine große Rolle. Donostia hat die Position des Zentralhafens jedoch Mitte des 14. Jahrhunderts an Bilbao verloren. Der zweite Kern befand sich an der Stelle des heutigen Viertels Antiguo und war eine landwirtschaftliche Enklave. Der Rest des Gebietes der heutigen Stadt war ein Areal mit Sümpfen und Sanddünen, welches von dem Fluss Urumea durchzogen wurde.

1489 wurde ein Großteil der hauptsächlich aus Holz gebauten Siedlung in Schutt und Asche gelegt. Der Neuaufbau wurde dazu genutzt, die Stadt zum Stützpunkt der kantabrischen Armada zu machen, was San Sebastián auch noch bis zum Ende des 19. Jahrhunderts blieb. Im ummauerten Stadtkern mit dicht gedrängten Häusern aus Holz (und später erst aus Stein) waren Katastrophen vorprogrammiert. So wurde die Stadt seit dem 13. Jahrhundert zwölf Mal von teilweise dramatischen Großbränden zerstört, die meist nur die großen Gebäude aus Stein (wie zum Beispiel Kirchen) mehr oder weniger unbeschadet überstanden. Der letzte und schlimmste brach am 31. August 1813 bei der alliierten Befreiungsaktion portugiesischer und britischer Truppen durch die Besetzung von französischen Truppen aus. Während der Geschichte wurde Donostia mehrmals vom französischen Heer besetzt, teilweise zerstört und später wieder aufgebaut.

1662 wurde San Sebastián durch den König Philipp IV das Stadtrecht verliehen.

1845 wählte Isabella II San Sebastián, um von dort aus Bäder im Golf von Biskaya zur Behandlung einer Hautkrankheit nehmen zu können. Fast zwei Jahrzehnte war somit San Sebastián Sommerresidenz von Isabella II und ihrem gesamten Hofstaat. Durch die Nutzung als Residenz erhielt San Sebastián hohes gesellschaftliches Ansehen.

1863 wurden die Stadtmauern von San Sebastián unter Bewilligung von Isabella II abgerissen, um dadurch die eng gedrängten Siedlungsstrukturen der Altstadt etwas aufzulösen und um Platz zu schaffen. Von diesem Zeitpunkt an breitete sich Donostia nach einem Stadterweiterungsplan von Antonio Cortázar über das nun trocken gelegte Sumpfgebiet aus.

Maria Christina von Österreich und Königin von Spanien machte San Sebastián ab 1886 zu ihrer ständigen Sommerresidenz und verlieh der Stadt somit abermals ein hohes gesellschaftliches Ansehen.

Vom Ende des 19. Jahrhunderts bis zum Ende der zwanziger Jahre entwickelte sich die Stadt mit Einsetzten des Ersten Weltkrieges zu einem kosmopolitischem Zentrum Europas. Im weltberühmten Casino der Stadt verkehrten viele bekannte Personen und San Sebastián war Treffpunkt der europäischen High Society. Der Bürgerkrieg und das Verbot des Glücksspiels setzten jedoch dieser goldenen Zeit - auch „Belle Epoque" genannt - ein jähes Ende.

Von 1940 bis 1975 war San Sebastián die Sommerresidenz des spanischen Diktators Francisco Franco und in den 1950er Jahren residierte dort auch Juan Carlos de Borbón, der heutige spanische König Juan Carlos I. (SPANIENINFOS, GURPEGUI S.64ff, LA-CONCHA, IDAZTI S.6f)

3.2. Sehenswürdigkeiten

In San Sebastián gibt es zwei große Aussichtsberge, den *Monte Urgull* und den *Monte Igeldo*. Rechnet man den Berg „Monte Ulía" im Osten der Stadt auch noch dazu, sind es sogar drei. Den Aussichtsberg Monte Igeldo im Westen der Stadt kann man per Zahnradbahn oder mit dem Auto erreichen. Auf dem ungefähr 120 Meter hohen Monte Urgull im Osten der Stadt finden sich eine moderne Christusstatue und die Festungsreste der im 12. Jahrhundert gebauten Burg, Castillo de Santa Cruz de la Mota, welche im 17. Jahrhundert zerstört und seit dem nicht wieder aufgebaut wurde. (GURPEGUI S.64ff)

Am Fuße des Urgull befindet sich die *Kirche Santa María del Coro*. Die Kirche Santa María ist romanischen Ursprungs, wurde aber zwischen 1522 und 1560 im Stil der Gotik und Renaissance erweitert. Bei der Zerstörung der Burg von San Sebastián im 17. Jahrhundert wurde auch die Kirche Santa María stark besch ädigt. Erst im Jahr 1740 begannen der Wiederaufbau unter Leitung von Ignacio de Íbero und Francisco Ignacio de Lizardi. Die Kirche ist von zwei Türmen eingerahmt und die Fassade ist mit einer bemerkenswert großen bogenförmigen Mauernische versehen. (SPAIN.INFO, GURPEGUI S.64ff)

Ebenfalls am Fuße des Urgull befindet sich das *Aquarium* der Stadt. Das Highlight ist ein 32 Meter langer Tunnel durch das 2,5 Mio. Liter fassende Ozenanarium. Außerdem kann hier das Skelett eines Wales bestaunt werden. (GURPEGUI S.64ff, SPAIN.INFO, MARCOPOLO)

An die Promenade des östlichen Stadtstrandes, Playa de la Zurriola, schiebt sich ein fast erschlagend moderner Anstrich in Gestalt von Rafael Moneos *Kursaal* – dem Kongress und Messepalast San Sebastiáns. Das Gebäude aus zwei gläsernen Würfeln, welches im Jahre 1999 fertig gestellt wurde, ist durch die 10.000 Glasplatten ein sehr heraus stechendes Objekt. Da sich das modernistisch e Gebäude nicht so gut in das sonst harmonische Stadtbild einfügt und an Stelle des 1972 abgerissenen Gebäudes im spanischen Kolonialstil errichtet wurde, ist der Kursaal ein höchst umstrittenes Gebäude. (LA-CONCHA, KURSAAL)

Das *Theater Victoria Eugenia* war seit 1912 Hauptveranstaltungsort aller großen Anlässe im Kulturkalender. Seit der Einweihung des Kursaalpalasts hat das Theater jedoch manche Veranstaltung an den modernen Glasbau abgeben müssen. (GURPEGUI S.64ff)

Der viereckige Platz der Verfassung („*Plaza de la Constitución*"), welcher sich Mitten in der Altstadt befindet, ist auf allen Seiten von dreistöckigen Gebäuden im Kolonialstil umgeben. An den Ecken befinden sich vier Tore, welche ehemals geschlossen wurden, um auf dem Plaza de la Constitución Stierkämpfe zu veranstalten. Die Nummerierung der Balkone erinnert an diese Zeit.

Heute ist er das Zentrum der wichtigsten Feiern in der Stadt. Im angrenzenden, ehemaligen Rathaus ist heute die Zentralbibliothek untergebracht. (LA-CONCHA, SPAIN.INFO, GURPEGUI S.64ff)

Das heutige *Rathaus* befindet sich im Gebäude des großen Casinos, das von 1887 bis zum Verbot des Geldspiels im Jahre 1924 einen europaweiten Anziehungspunkt für berühmte Persönlichkeiten darstellte. (GURPEGUI S.64ff, SPAIN.INFO)

Die *Kathedrale El Buen Pastor*, welche als das größte Gotteshaus der Stadt im neugotischen Stil gilt, befindet sich im Stadtviertel Amara und wurde von Manuel de Echave aus San Sebastián erbaut. El Buen Pastor wurde 1897 eingeweiht, hat seit 1953 den Rang einer Kathedrale und umfasst eine Grundfläche von 1.915 m². Sie ist aus Steinblöcken des Monte Igeldo errichtet und mit zahlreichen Verzierungen versehen. Der Name der  Kirche ist dem Guten Hirten („Buen Pastor") gewidmet, Hauptaltar ist dem zu Ehren auch der Hauptaltar gestaltet wurde. (LA-CONCHA, SPAIN.INFO)

Obwohl der Baustil der Gebäude San Sebastiáns größtenteils französisch beeinflusst ist, lies die Königin Maria Christina den *Königspalast von Miramar* im Stil eines englischen „Cottages" erbauen. Das Gebäude wurde 1888 vom englischen Architekten Selden Wornun geplant, jedoch unter Leitung des Architekten José Goicoa erbaut. Der Palast verfügt über einen Keller und drei Stockwerke, von denen das oberste für das Personal bestimmt war. Auffällig ist der achteckige Turm und das Steinwappen der Habsburger an der Front des Gebäudes. (GURPEGUI S.64ff, SPAIN.INFO)

Das *Gemeindemuseum San Telmo*, das am Fuße des Monte Urgull liegt, ist in die Bereiche Archäologie, Schöne Künste und Geschichte aufgeteilt. Das Gebbäude selbst stammt aus dem 16. Jahrhundert und diente einst als Kloster. Hier wird versucht, die soziale Entwicklung des Baskenlandes im Laufe der Jahrhunderte aufzuzeigen. (SPAIN.INFO, GURPEGUI S.64ff)

San Sebastián ist von Parks und Gärten übersäht – im wahrsten Sinne des Wortes. Zu nennen wären unter anderem

- der *Alderdi-Eder-Park* südlich des Rathauses,
- der *Plaza de Gipuzkoa*, östlich des Alderdi-Eder-Parks,
- der *Miramar-Park*, der den Königspalast von Miramar umgibt,
- der *Park von Aíete*,
- der *Miramon Park* im Süden der Stadt,
- der *Basoerdi Park* im Stadtviertel von San Roque,
- der *Ulía Park* auf dem Monte Ulía, von dem aus man einen guten Ausblick auf die ganze Stadt hat
- und der *Christina Enea Park* südöstlich des Bahnhofes. (GURPEGUI)

4. Anhang

4.1. Karte von Bilbao

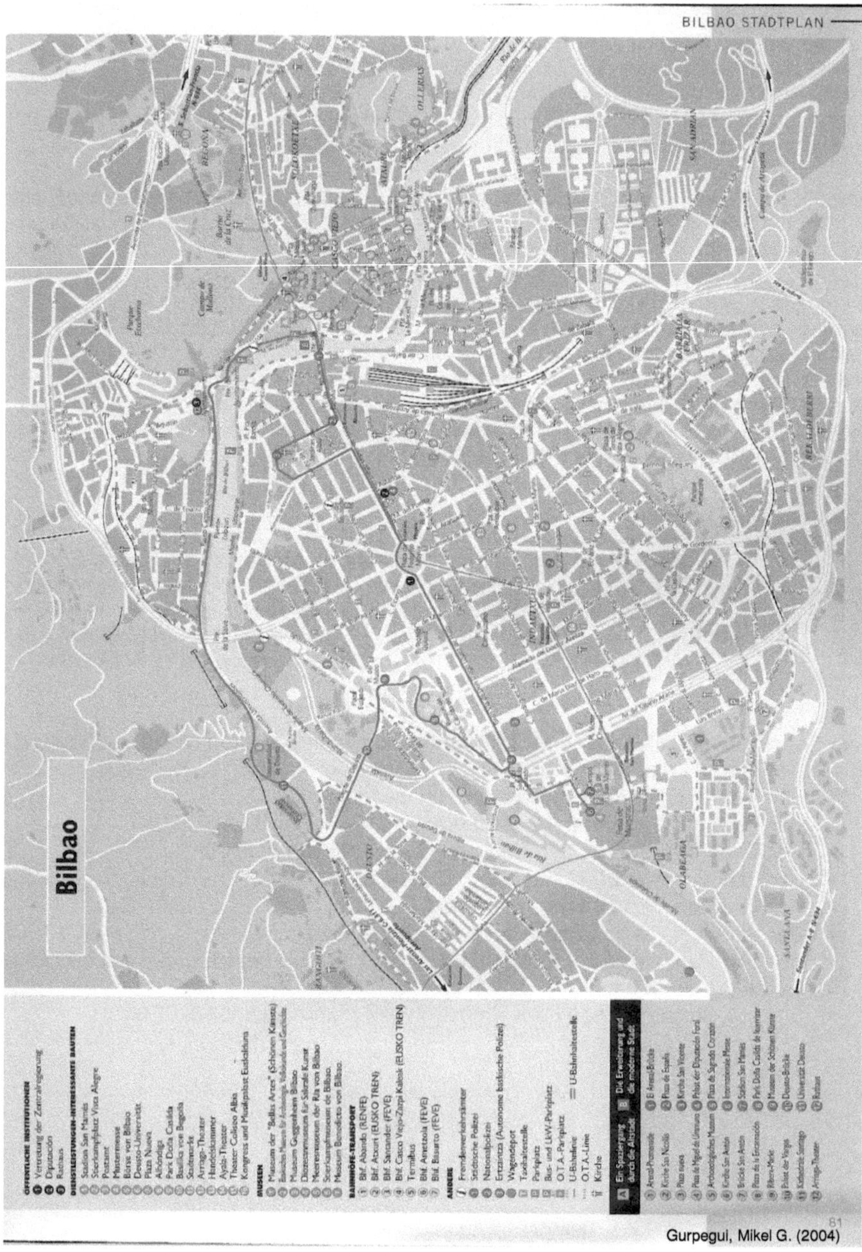

Gurpegui, Mikel G. (2004)

4.2. Karte von San Sebastián

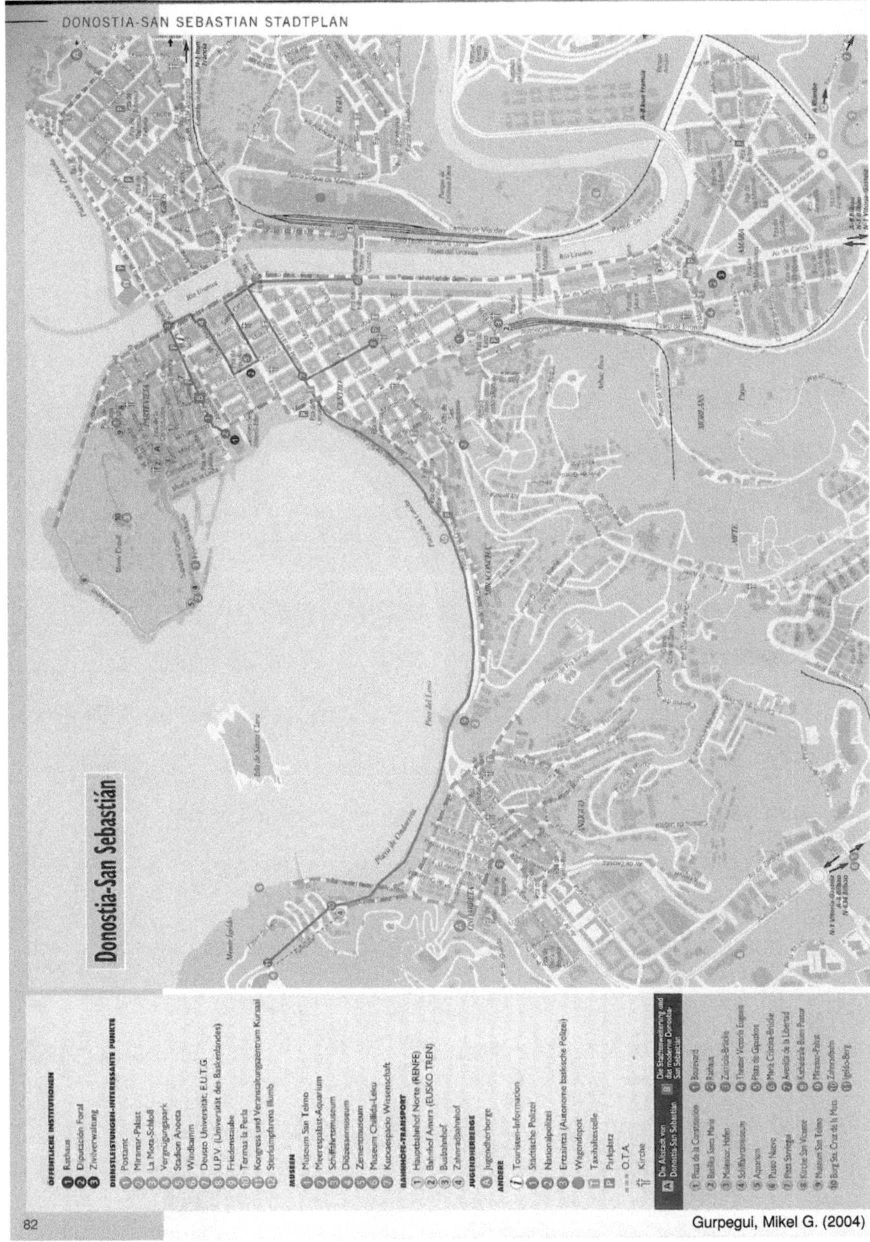

Gurpegui, Mikel G. (2004)

5.   Literaturverzeichnis

BERNECKER, Walter L. (1999): Spanische Geschichte: vom 15. Jahrhundert bis zur Gegenwart. Orig. Ausgabe, München, 128 Seiten

GURPEGUI, Mikel G. (2004): Sehen, Besichtigen und Kennenlernen. 5. Ausgabe, Gobierno Vasco, 82 Seiten

IDAZTI (2005): DONOSTIA SAN SEBASTIAN. 7. Ausgabe (English), Donostia-San Sebastián, 31 Seiten

Internet:

1-2-FLY: http://www.1-2-fly.com/reisen/spanien/flug-bilbao.html, 05.06.07

BILBAO: http://www.bilbao.net, 05.06.07

EUSKOTREN: http://www.euskotren.es , 05.06.07

DONOSTIA: http://www.donostia.org, 05.06.07

HOMEPAGEHILFEN:
http://www.spain.info/TourSpain/Destinos/Tipol/MasInfo/0/Arte%20y%20Cultura%20
480200001.htm?Language=de, 05.06.07

KURSAAL: http://www.kursaal.org/berria/eng/homecas.htm, 05.06.07

LA-CONCHA: http://www.la-concha.de/ , 05.06.07

MARCOPOLO: http://www.marcopolo.de/europa/spanien/region_5.html, 05.06.07

MARX-FORUM: http://www.marx-forum.de/geschichte/welt/basken.html, 05.06.07

METROBILBAO: http://www.metrobilbao.net/eng/home.jsp , 05.06.07

PORTUGALL-AKTUELL: http://www.portugall-aktuell.de , 05.06.07

SPAIN.INFO:
http://www.spain.info/TourSpain/Negocios/Organizar%20Congreso/Ciudades%20de
%20Negocio/T/IW/0/Donostia%20San%20Sebastian.htm?Language=de, 05.06.07

SPAIN.INFO:
http://www.spain.info/TurSpainWeb/Images/BMM/Mediateca/Reportajesinfograficos/
Bilbao_DE_SWF/Bilbaopres_DE.swf , 05.06.07

SPAIN.INFO:http://www.spain.info/TourSpain/Destinos/Tipoll/MasInfo/0/Donostia+Sa
n+Sebastian.htm?Language=de, 05.06.07

SPANIENINFOS: http://www.spanieninfos.org/staedte-
reisefuehrer/sansebastian.php, 05.06.07

SPANISHCOURSES: http://www.spanishcourses.info/cities/87_bilbao_DE.asp, 05.06.07

WIKIPEDIA: http://de.wikipedia.org , 05.06.07